¡Saludos,
jaguares!

LOS JAGUARES

QUINN M. ARNOLD

CREATIVE EDUCATION | CREATIVE PAPERBACKS

AQUÍ, HUMANO
HUMANO
HUMANO . . .

Índice

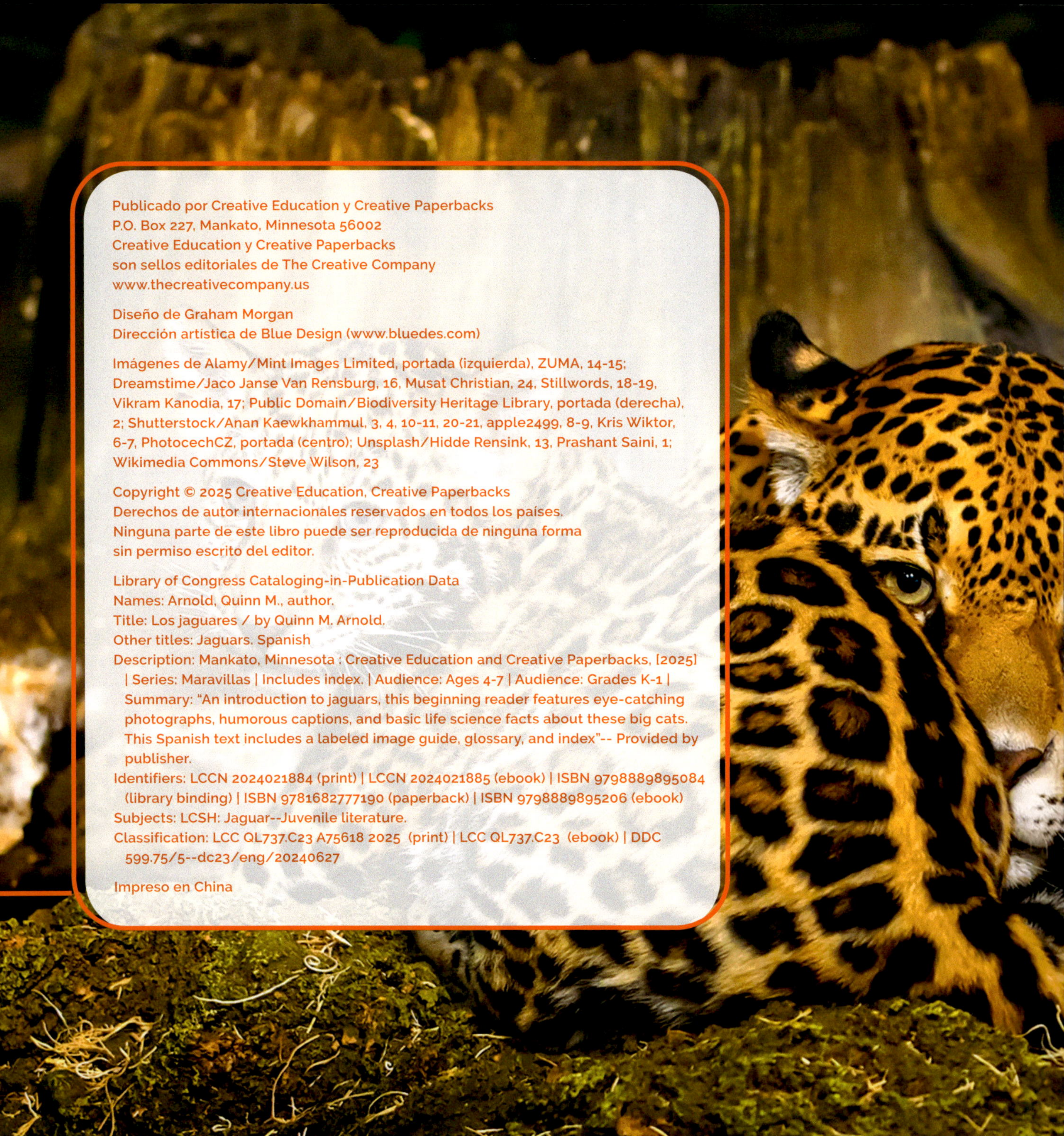

Publicado por Creative Education y Creative Paperbacks
P.O. Box 227, Mankato, Minnesota 56002
Creative Education y Creative Paperbacks
son sellos editoriales de The Creative Company
www.thecreativecompany.us

Diseño de Graham Morgan
Dirección artística de Blue Design (www.bluedes.com)

Imágenes de Alamy/Mint Images Limited, portada (izquierda), ZUMA, 14-15; Dreamstime/Jaco Janse Van Rensburg, 16, Musat Christian, 24, Stillwords, 18-19, Vikram Kanodia, 17; Public Domain/Biodiversity Heritage Library, portada (derecha), 2; Shutterstock/Anan Kaewkhammul, 3, 4, 10-11, 20-21, apple2499, 8-9, Kris Wiktor, 6-7, PhotocechCZ, portada (centro); Unsplash/Hidde Rensink, 13, Prashant Saini, 1; Wikimedia Commons/Steve Wilson, 23

Library of Congress Cataloging-in-Publication Data
Names: Arnold, Quinn M., author.
Title: Los jaguares / by Quinn M. Arnold.
Other titles: Jaguars. Spanish
Description: Mankato, Minnesota : Creative Education and Creative Paperbacks, [2025] | Series: Maravillas | Includes index. | Audience: Ages 4-7 | Audience: Grades K-1 | Summary: "An introduction to jaguars, this beginning reader features eye-catching photographs, humorous captions, and basic life science facts about these big cats. This Spanish text includes a labeled image guide, glossary, and index"-- Provided by publisher.
Identifiers: LCCN 2024021884 (print) | LCCN 2024021885 (ebook) | ISBN 9798889895084 (library binding) | ISBN 9781682777190 (paperback) | ISBN 9798889895206 (ebook)
Subjects: LCSH: Jaguar--Juvenile literature.
Classification: LCC QL737.C23 A75618 2025 (print) | LCC QL737.C23 (ebook) | DDC 599.75/5--dc23/eng/20240627

Impreso en China

Los jaguares son felinos grandes. Son los felinos más grandes de América. La mayoría de los jaguares viven en **selvas tropicales**.

VAYA, QUE DIENTES AFILADOS TENGO . . .

Los jaguares tienen **pelaje** moteado. Es de color café anaranjado con manchas negras. Las manchas se llaman rosetas.

La cola del jaguar es larga. Las patas del jaguar son cortas pero fuertes. ¡Pueden saltar muy lejos!

EL PELAJE DE UN JAGUAR LE AYUDA A ESCONDERSE.

Un jaguar come carne. Espera a su presa. Luego salta.

¡QUÉ HAMBRE!

LAS MADRES JAGUAR TIENEN DE UNA A CUATRO CRÍAS A LA VEZ.

Las crías del jaguar se llaman cachorros. Los cachorros viven con su madre. Juegan y aprenden a cazar.

Los jaguares duermen la mayor parte del día. Van a nadar. Buscan comida por la noche.

ESPERO QUE NADA ASQUEROSO ME TOQUE LOS DEDOS.

¡Adiós, jaguares!

[Imagina un jaguar]

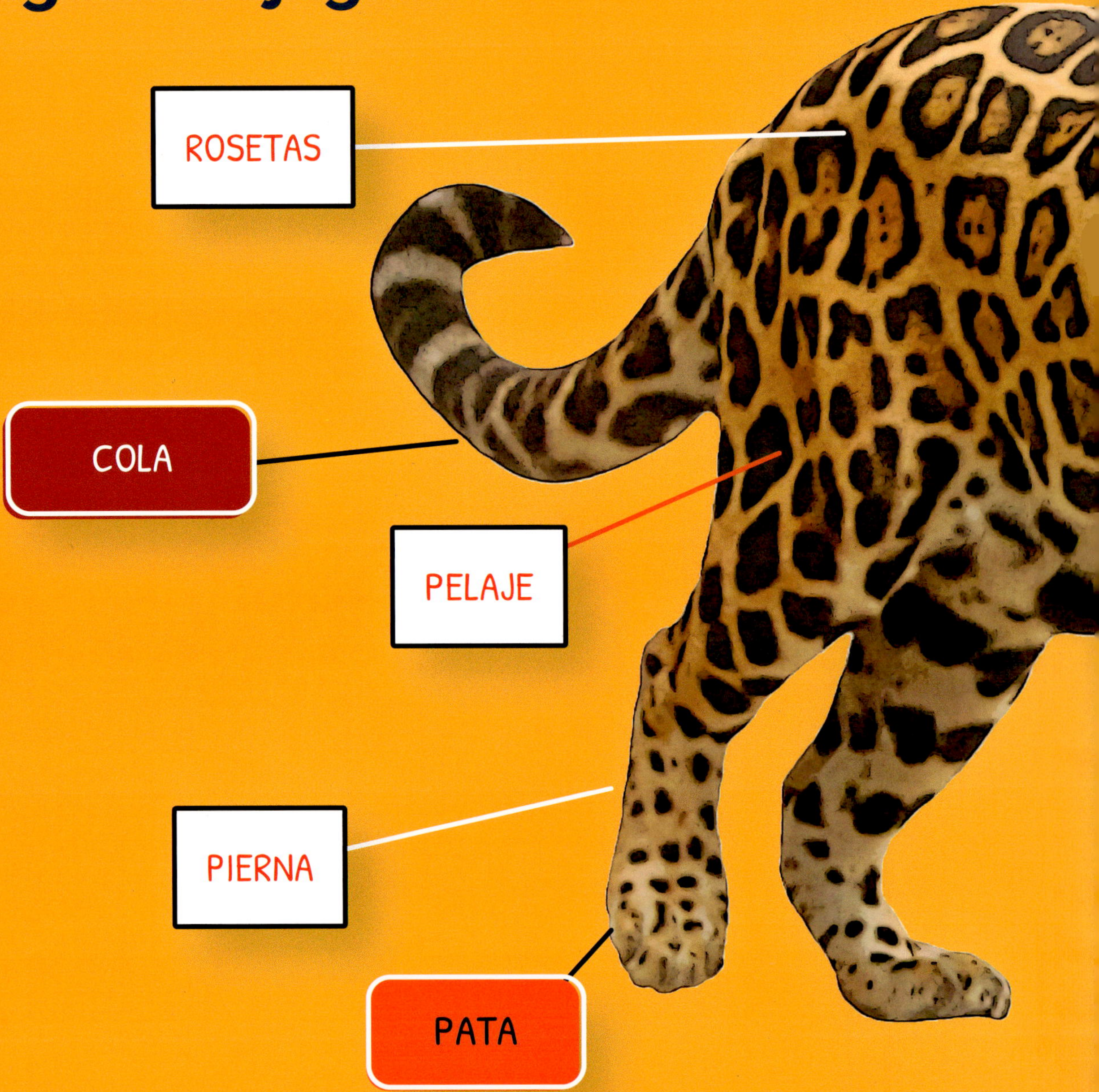

ROSETAS

COLA

PELAJE

PIERNA

PATA

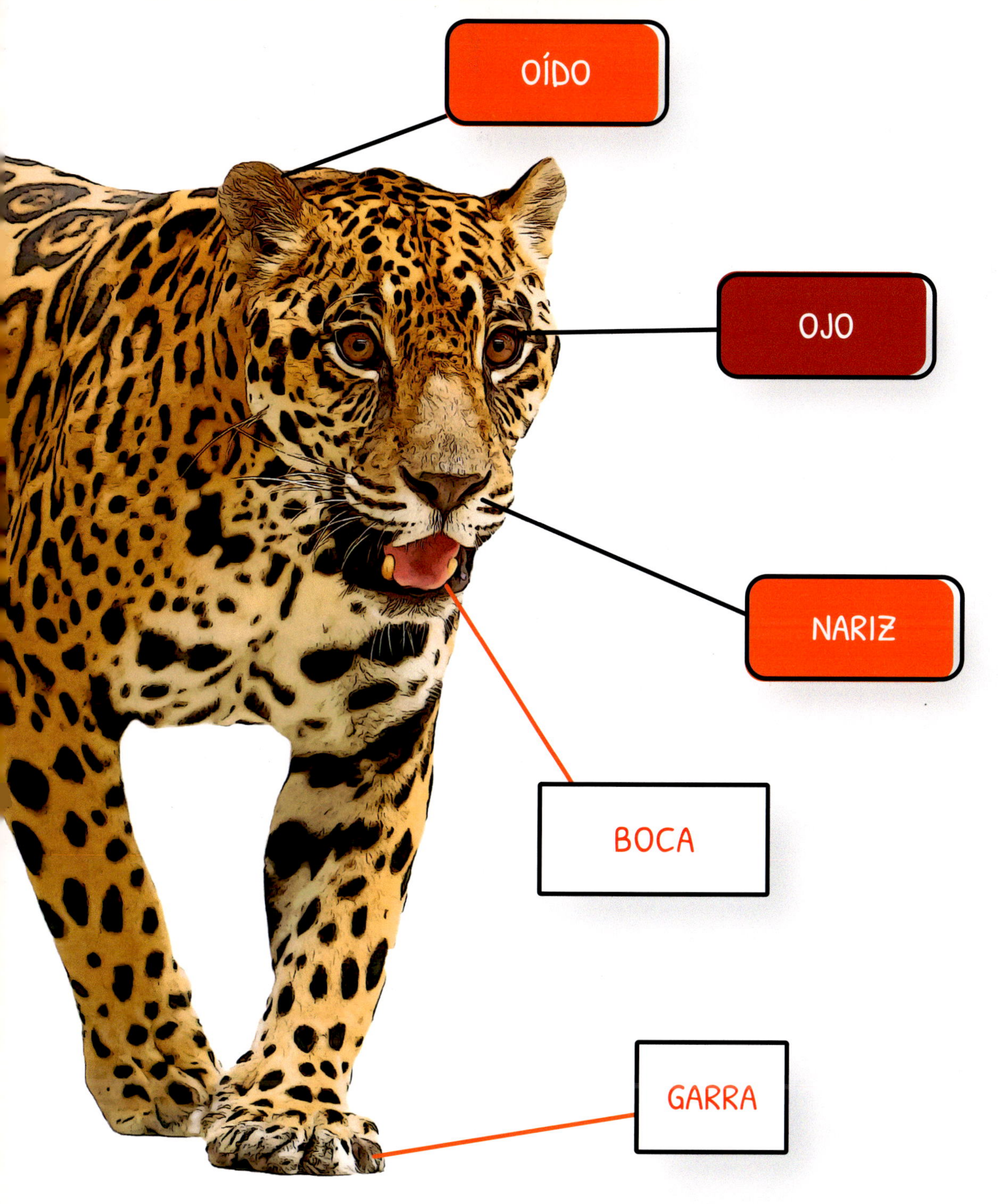
OÍDO
OJO
NARIZ
BOCA
GARRA

PALABRAS QUE DEBES CONOCER

pelaje: pelo corto y peludo que cubre a un animal

presa: animales que son devorados por otros animales

selva tropical: bosque donde llueve mucho

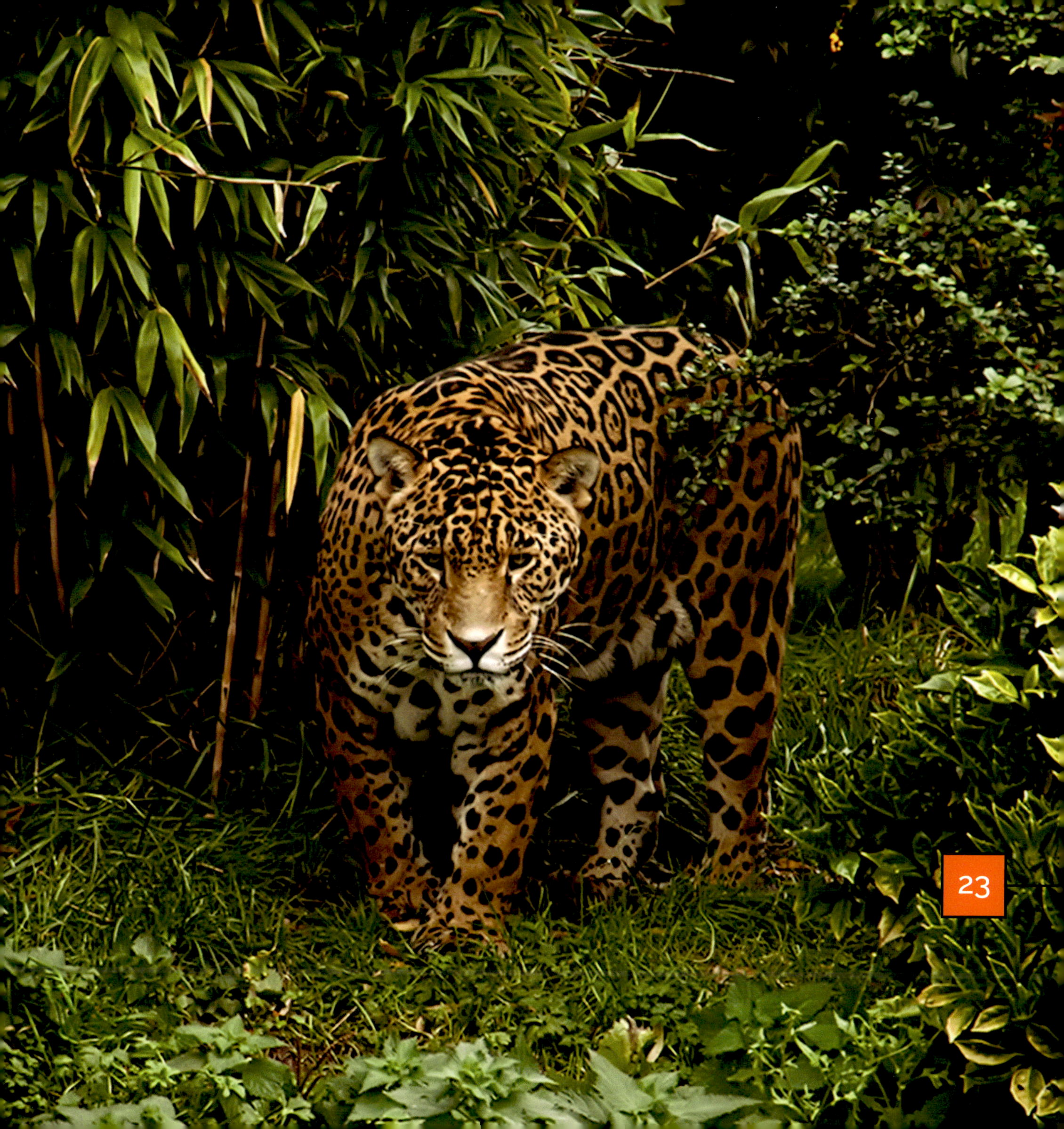

ÍNDICE